AF460470

SOIRÉES PROVENÇALES

CAUSERIES INTIMES

SUR LES CONFÉRENCES AGRICOLES

DE

M. GEORGES VILLE

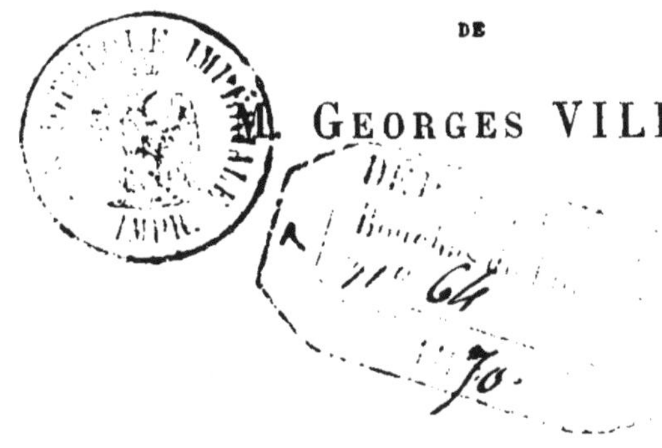

Bonne culture
Et bonne fumure
Font la récolte sûre.

Proverbe agricole.

PRIX : 75 CENTIMES

MARSEILLE
CHEZ M. L. CAMOIN, LIBRAIRE
RUE CANNEBIÈRE, 1.

PRÉFACE

Une ère nouvelle pour l'Agriculture a commencé en France depuis les admirables découvertes de la composition chimique des végétaux par l'éminent professeur au Muséum d'histoire naturelle à Paris, Monsieur Georges Ville ; il n'y a plus de doute aujourd'hui sur les bons effets de la nouvelle méthode de fumure par les engrais chimiques composés par ce professeur. Il fallait nécessairement connaître la composition chimique des végétaux pour savoir l'engrais qui leur convenait le mieux. En effet, donner à une plante un engrais azoté alors qu'elle demande du phosphate ou de la potasse, c'est absolument comme si l'on voulait nourrir un cheval avec de la viande, ou un chien avec du foin.

Les plantes ne peuvent donner des produits abondants qu'à la condition que l'engrais leur fournira le complément de principes actifs qu'ils ne peuvent puiser ni dans le sol, ni dans l'air. Quoique ces principes actifs soient tous contenus dans le fumier de ferme, cela ne suffit pas pour obtenir, à l'aide de cette seule fumure, des rendements supérieurs, parce que ces éléments y sont toujours combinés ensemble dans des proportions à peu près fixes, de telle sorte que, si une plante a besoin d'une quantité d'azote ou de potasse plus grande que celle contenue dans le fumier, elle doit forcément souffrir, ne trouvant plus dans l'engrais cet élément sans lequel elle ne peut acquérir tout son développement. Voilà une des causes du médiocre rendement des terres ; et l'emploi des tourteaux de graines suffit pour prouver que la fumure par le fumier de ferme seul a été reconnue insuffisante.

Monsieur Georges Ville a fait, à Paris, de nombreuses conférences devant un public d'élite, dans lesquelles il a exposé, non-seulement les résultats qu'il avait obtenus, mais encore les moyens par lesquels il y était arrivé. Ce système tout nouveau a été l'objet de plusieurs publications de la part de M. Georges Ville qui n'a point voulu garder pour lui seul le fruit de ses laborieuses recherches ; mais ses divers ouvrages ne seraient pas toujours à leur place dans les mains de la plupart des agriculteurs, à cause du point de vue général où a dû se placer le professeur. Il a donc fallu, pour mettre à la portée de tout le monde les résultats obtenus par M. Georges Ville, extraire de ses ouvrages tout ce qui pouvait intéresser l'agriculture provençale, et c'est ce que j'ai fait. Je l'ai soumis à M. Georges Ville qui a bien voulu approuver mon travail, et son approbation, je l'espère, sera sanctionnée par Messieurs les agriculteurs provençaux que j'invite aux perfectionnements de culture qui font l'objet de cet opuscule.

Marseille, 20 *janvier* 1870.

L. F. CAMOIN (d'Armand).

SOIRÉES PROVENÇALES

CAUSERIES INTIMES

SUR LES CONFÉRENCES AGRICOLES

de M. Georges VILLE

> Bonne culture
> Et bonne fumure
> Font la récolte sûre.
>
> *Proverbe agricole.*

Le bon emploi du fumier, en agriculture, fut toujours le point de départ d'une bonne récolte. C'est ce qui explique les jachères forcées de certaines terres dans les localités où la ressource du fumier est limitée, jachères qui ne permettent d'ensemencer qu'une année sur trois.

De tout temps, et jusqu'à nos jours, on s'est borné à fumer les terres avec le fumier noir dit fumier de ferme ; il eût été bien difficile de recourir à d'autres substances, on n'en connaissait pas.

Il y a une trentaine d'années, lorsque la fabrication des

huiles de graines vint s'établir à Marseille sur une grande échelle, quelques agriculteurs eurent la bonne pensée d'ajouter au fumier ordinaire une quantité de tourteaux de graines provenant de ces nouvelles huileries, et ils eurent la satisfaction de voir leurs essais couronnés de succès.

A ces premiers éléments de fertilité vinrent peu à peu s'en ajouter d'autres, tels que *Déchets de cocons*, *Tourteaux de viande de cheval*, *etc.*, *etc.*; mais toutes ces substances n'avaient de valeur que par la quantité d'azote qui y était contenue; aussi les marchands qui vendaient ces engrais, avaient-ils soin d'en indiquer le titre en azote, lequel dépassait rarement 3 0/0. Certes l'azote avait bien sa valeur, mais ce n'était pas tout, comme on le verra plus loin.

Cependant, malgré le succès de ces premières tentatives, il y avait des gens qui refusaient d'y croire, et ces gens sont encore nombreux aujourd'hui. Suivant eux, rien ne peut surpasser le fumier de ferme ; heureusement les faits sont là pour donner un démenti formel à cette opinion.

Avant l'emploi des tourteaux de graines, l'agriculture ne pouvait rendre à la terre qu'une partie de ce que les récoltes lui enlevaient. Le capital fertilisant du sol ne recevant qu'un apport insuffisant, allait s'appauvrissant chaque année, puisque les récoltes lui enlevant 10 et la fumure ne lui apportant que 9, il était en perte de 1 ; de là cette croyance très-répandue que la terre se fatigue à produire. Cela était vrai pour les agriculteurs ignorants et aveugles qui ne comprenaient pas la cause de cette fatigue; mais les hommes intelligents reconnurent que l'action du fumier de ferme devait être insuffisante et qu'il fallait donner à la terre des fumures plus copieuses ; c'est alors que, les tourteaux de graines ayant fait leur apparition, ils en ajoutèrent à leur fumure, et les bonnes récoltes qu'ils en obtinrent les engagèrent à persévérer.

C'est donc de l'apparition des huileries de graines que date notre premier progrès dans l'agriculture. Avant cette époque, le prix d'une journée de travail à la campagne était de 1 fr. 50; depuis lors il a successivement monté jusqu'à ce jour où il se paie 3 fr. Pourquoi cette augmentation de salaire? parce que, à l'aide d'une augmentation de fumure, on a trouvé le moyen d'augmenter le rendement du sol.

Le premier pas que l'agriculture a fait dans la voie du progrès a donc eu pour parrain le *hasard* : en effet, que les huileries de graines eussent différé leur avénement de vingt ou trente ans, ce premier pas restait à faire.

Le second pas devait différer du premier : il n'est pas le produit du hasard, mais bien le résultat prévu des recherches de la science la plus élevée jointe à la pratique la plus sévère, et c'est à Monsieur GEORGES VILLE que nous en sommes redevables. Aussi devons-nous, dès à présent, considérer Monsieur Georges Ville comme le bienfaiteur de l'humanité en général, et le rédempteur de l'agriculture en particulier.

Qu'a donc fait Monsieur Georges Ville?

Voyant la maladie atteindre successivement toutes nos récoltes, la plupart des cultivateurs pauvres et souvent couverts de dettes, il a pensé qu'il devait exister un remède pour guérir tant de maux. La classe des cultivateurs est trop nombreuse et trop digne d'intérêt pour la laisser croupir dans l'ornière. En définitive, l'agriculture est la source première du bien-être d'une nation. Sans agriculture pas d'industrie! Tout ce que nous consommons vient de la terre et doit y retourner. Jusqu'à ce jour, les travailleurs de la terre n'ont eu qu'une part trop maigre du bien-être qu'ils procurent à leurs semblables ; leur labeur a été trop pénible, il faut le leur rendre à la fois et plus facile et plus productif.

Imbu de ces idées, Monsieur Georges Ville s'est posé une simple question, mais une question capitale qui renferme à elle seule tout un programme :

De quoi se composent les végétaux?

La nature est un artiste qui fait généralement bien tout ce qu'elle fait ; mais pour opérer ses merveilles elle a besoin de matériaux. Quels sont ces matériaux? d'où viennent-ils? c'est ce que M. Georges Ville va nous apprendre.

Ces matériaux, dit M. Georges Ville, sont au nombre de 14, et composent à eux seuls tous les végétaux, grands et petits, absolument de la même manière qu'un alphabet sert à composer tous les mots d'une langue.

Ils sont divisés en deux séries parallèles.

Eléments Organiques.		Eléments Minéraux.	
Carbonne ... *Hydrogène* .. *Oxigène*	en quantités toujours suffisantes dans l'air.	*Soufre* ..... *Chlore* ..... *Silicium* .... *Fer* .... *Manganèse* .. *Magnésium* . *Sodium*	en quantités toujours suffisantes dans le sol.
Azote	que l'air seul ne peut fournir en quantités suffisantes.	*Phosphore* .. *Calcium* .... *Potassium* ..	que le sol ne peut fournir en quantités suffisantes.

C'est à l'aide de ces 14 éléments que les végétaux peuvent accomplir leur évolution : naître, grandir et se reproduire.

Où les végétaux les puisent-ils ?

L'air en contient trois et le sol sept en quantités toujours suffisantes, et dont il est inutile de s'occuper.

Les quatre autres sont empruntés, pour une portion seulement, à l'air et au sol ; mais, comme ils n'y sont pas en quantités suffisantes pour que les végétaux puissent accomplir leur évolution, le complément doit leur être apporté par les engrais, lesquels doivent être composés de :

Azote	que l'air seul ne peut fournir en quantité suffisante.
Acide phosphorique. *Potasse*............ *Chaux*............	que le sol ne peut fournir en quantité suffisante.

Ce sont là les quatre éléments complémentaires que nous devons nous empresser de restituer au sol afin que les végétaux ne puissent jamais en manquer.

Ces éléments sont en réalité ceux que l'on retrouve dans le fumier de ferme par l'analyse chimique, et nul doute que c'est à leur présence dans ce même fumier qu'est due sa propriété fertilisante.

Il est une chose qu'on ne peut s'empêcher de faire remarquer, c'est que, à très peu de chose près, tous les bons fumiers de ferme ont une composition chimique presque identique.

Voici le résultat de l'analyse chimique de 40,000 kil. de fumier de ferme, quantité ordinairement suffisante pour la fumure d'un hectare pour deux ans, ou de deux hectares chaque année.

Azote	163 k.	709 kil. *(Engrais chimiques*, 1er vol., page 93).
Acide phosphorique.	75	
Potasse............	150	
Chaux............	321	

L'humidité du fumier représente environ 80 0/0 de son poids. Cette humidité, il est vrai, peut avoir quelquefois son prix, mais, en général les pluies y suppléent. En outre, le fumier contient des matières inertes qui sont sans valeur pour les végétaux. De plus, le transport de ces 40,000 kil. de fumier entraîne, avec les frais pour le curage des étables, le chargement, une dépense dont il ne faut pas négliger l'importance.

40,000 kil. de fumier de ferme, avons-nous dit, ne contiennent que 709 kil. de principes réellemeut actifs ; mais ils ont besoin, pour être utilisés par les végétaux, d'être associés à d'autres substances qui en rendent la manipulation et l'emploi faciles. Lorsqu'on leur a donné la forme que les exigences de la pratique réclament, le poids des principes actifs contenus dans 40,000 kil. de fumier de ferme passe de 709 kil. à 2310 kil., savoir :

Phosphate acide de chaux	600 k.	2310 kil. (*Engrais chimiques,* 1er vol., page 94).
Nitrate de Potasse..	320	
Sulfate d'Ammoniaque.............	560	
Sulfate de Chaux...	830	

Le véritable équivalent chimique de 40,000 kil. de fumier de ferme est donc représenté par 2310 kil. Or, s'il est admis que, pour transporter ces 40,000 kil. de fumier à une certaine distance, il faille 80 voyages d'un cheval avec son charreton et son conducteur, on admettra aussi que 4 voyages 6/10 devront suffire au transport de 2,310 kil. d'engrais chimique qui ont, pour les végétaux, la même valeur fertilisante que les 40,000 kil. de fumier de ferme. Si l'on suppose encore que deux heures sont nécessaires à l'accomplissement de chaque voyage, il faudra 160 heures pour transporter les 40,000 kil. de fumier, alors que 9 heures suffiront pour le transport des 2,310 kil. d'engrais chimique. La différence de temps étant de 151 heures et les journées de travail étant ordinairement de 10 heures, il y aura une économie de 15 journées qui, calculées à 5 fr. l'une, homme, cheval et matériel compris, représentent une somme de fr. 75 pour un seul hectare tous les deux ans, soit fr. 37 50 par hectare et par an.

A très-peu de chose près, le fumier étant toujours le même, et les végétaux étant constitués des éléments actifs du fumier dans des proportions qui varient à l'infini, il y a des plantes qui demandent au sol un supplément d'élément qu'elles ne trouvent pas dans le fumier, et c'est ce qui a fait donner à ces plantes la qualification d'*épuisantes*, parce que, si l'on continue à les cultiver sur le même sol en ne lui donnant pour engrais que du fumier ordinaire, le sol se trouve appauvri au point que le végétal, n'y trouvant plus sa nourriture, ne peut pas acquérir son développement normal; et c'est alors qu'on accuse le sol d'être fatigué.

Il est admis qu'après une récolte de fèves, les pois ne peuvent prospérer. Cela étant, n'y a-t-il pas lieu d'accuser la fève d'avoir absorbé à son profit toute la potasse contenue dans le sol et dans l'engrais? Dès lors, le pois, ayant absorbé la potasse de l'engrais et ne trouvant plus ce élément dans le sol, végète et finit par se dessécher; mais, dans ce cas, le pois meurt faute de potasse, comme une lampe allumée s'éteint faute d'huile.

Le sol est à l'agriculture ce que le coffre-fort et le portefeuille sont pour le négociant : quand ils sont bien garnis, tout est prospère ; au contraire, s'ils sont vides, la faillite est inévitable.

Pour avoir une idée de l'inertie du sol considéré comme substance nécessaire à l'alimentation des végétaux, il faut qu'on sache bien que Monsieur Georges Ville a fait ses expériences pratiques sur du sable calciné, c'est-à-dire, dépourvu de tous corps étrangers, et réduit comme à l'état de verre pilé.

Voici les résultats de ses quatre premières expériences :

1° 22 grains de blé, pesant à peu près 1 gramme, semés dans du sable, et n'ayant reçu qu'un peu d'eau distillée, ont donné 6 grammes de récolte.

2° En ajoutant au même sable les dix minéraux à l'exclusion de la matière azotée, la récolte arrive à 8 grammes.

3° En supprimant les 10 minéraux et n'ajoutant que la matière azotée, le rendement est de 9 grammes.

4° Mais en réunissant les 10 minéraux et la matière azotée, la récolte a plus que doublé, elle a atteint 22 grammes.

Il résulte de cet aperçu que le sol n'a, par lui-même, aucune action sur la végétation et que son rôle le plus souvent peut être réduit à celui de support des végétaux et de magasin d'engrais et d'humidité où les vegétaux s'approvisionnent au fur et à mesure de leurs besoins.

Toutefois, il ne faudrait pas méconnaître la propriété de certains sols pour certaines cultures, telles que blé et vigne. On sait, à n'en pas douter, que ces deux végétaux viennent à peu près sur tous les terrains, mais de là à y donner d'abondantes récoltes et surtout des récoltes de qualité supérieure, il y a loin. Ainsi la vigne et le blé donnent des produits également abondants dans les plaines; mais si le blé y réunit la qualité à la quantité, c'est juste le contraire que donne le produit de la vigne. De là, nécessité de séparer ces deux cultures. La vigne demande les coteaux et surtout les terrains légers et rocailleux; le produit y est moins abondant que dans les plaines, mais il y acquiert des qualités qu'on ne retrouve pas ailleurs.

Pour en revenir au fumier de ferme, nous avons vu que dans 40,000 kil., il y a 150 kil. de potasse et 163 kil. d'azote. En supposant qu'on cultive une plante, la pomme de terre, par exemple, qui demande un engrais riche en potasse et presque dépourvu d'azote, comment pourra-t-on, à l'aide du fumier de ferme seul, fournir à cette plante la quantité de potasse qui lui est nécessaire? Ce ne sera qu'à la condition de laisser dans le fumier la quantité d'azote qui s'y trouve sans qu'on puisse l'en séparer et qui y est en proportion trop forte pour cette plante.

Voici dans quelle proportion ces deux éléments se trouvent réunis:

Dans le Fumier de Ferme et dans l'Engrais complet n° 3.

Azote...........	163 kil.	*Azote*...........	0 kil.
Potasse..	150 »	*Nitrate de potasse.*	300 »

A première vue, le composé de M. Georges Ville semble exempt d'azote; mais, pour qui sait que le nitrate de potasse contient 13 0/0 d'azote et 46 0/0 de potasse, il est aisé de trouver que 300 kil. nitrate de potasse contiennent { 39 kil. azote.
138 kil. potasse.

La potasse figurant dans le fumier de ferme pour 150 kil. alors que l'engrais complet numéro 3 n'en contient que 138 kil., il y a, dans le premier, un excédant de potasse de 12 kil. Mais, ce sel étant la dominante de la pomme de terre, l'excédant ne peut pas nuire.

Il n'en est plus de même de l'azote que M. Georges Ville ne fait intervenir, dans son composé, que pour 39 kil., tandis que le fumier de ferme en contient 163 kil. d'où résulte un excédant de 124 kil. qui est non-seulement une perte pour l'agriculteur, mais encore une cause de maladie pour ce tubercule. De nombreuses expériences, faites par M. Georges Ville et par d'autres, établissent, d'une manière claire et précise, que, dans les pays contaminés, la maladie fait des ravages d'autant plus grands que l'engrais dont on s'est servi était plus azoté.

D'un autre côté, ces 124 kil. d'azote enfouis forcément et sans nécessité dans le sol, ne pourront concourir à la récolte suivante que dans la proportion de 86 kil.; la différence entre ces deux chiffres représente un déchet d'environ 30 0/0 qui auront été vaporisés par l'action combinée de l'humidité et de la chaleur.

Bien que M. Georges Ville ait trouvé que les fumiers de ferme ont tous une composition presque identique, il est évident qu'il doit en être ainsi pour les fumiers tels qu'on les prépare dans les grandes fermes pourvues d'un grand nombre de têtes de bétail; mais il ne saurait en être de même pour les fumiers qu'on prépare dans la plupart des campagnes de la Provence, où la propriété est très-divisée et le fumier exposé au soleil, à la pluie et à tous les vents.

En effet, dans la plupart de ces campagnes, le bétail est ordinairement représenté par un cheval, un porc, une chèvre, des volailles et des lapins. La litière de ces animaux rentre dans la catégorie des bons fumiers de ferme; mais, cette quantité n'étant pas suffisante, tous les efforts tendent à l'augmenter à l'aide de feuillages et de mauvaises herbes; la désagrégation des tissus de ces végétaux ne pouvant s'opérer sans le secours de l'humidité, et le purin, relativement abondant dans les grandes fermes, faisant ici défaut, est remplacé par de l'eau. Le fumier qui résulte de ce travail ne peut donc pas être aussi riche en éléments actifs que ceux analysés par Monsieur Georges Ville.

Il faut donc que les agriculteurs de la Provence fassent une différence entre le fumier obtenu par ce moyen et celui fabriqué dans de bonnes conditions, afin de forcer un peu la main au premier, ou de l'additionner d'une dose un peu plus forte d'engrais chimiques.

Les végétaux n'étant pas constitués tous de la même manière, il est évident qu'un seul et même engrais ne peut pas convenir à tous, et c'est le cas du fumier de ferme; aussi, l'engrais que M. Georges Ville a composé pour le blé n'est pas le même que celui pour la vigne, lequel, à son tour, diffère de celui de la pomme de terre, etc., etc. Il a donc fallu que M. Georges Ville étudiât la composition chimique de tous les végétaux qui servent à notre alimentation pour leur composer des engrais en rapport avec leur constitution. Se figure-t-on quel talent et quelle persévérance M. Georges Ville a dû apporter à cette tâche pour atteindre son but ?

Pour mettre le nouveau système en pratique avec avantage, on ne peut plus continuer à semer le blé au milieu des vignes ; il faut rompre avec la routine et inaugurer une ère nouvelle qui sera, pour l'agriculture, une ère de prospérité.

Toutefois, comme cette réforme ne pourra s'opérer du jour au lendemain, il faut y procéder avec mesure. Que ceux qui ont de la vieille vigne à renouveler prennent leurs dispositions pour l'isoler en un ou plusieurs points de la propriété, et la planter, autant que possible, en lignes droites de nord à sud, à la distance de 75 à 80 centimètres entre chaque pied, et de 1 à 2 mètres entre chaque ligne, suivant que le binage et le sarclage devront être faits à la bêche ou à la charrue vignerone.

En Provence, on a l'habitude de planter les sarments à des profondeurs qui varient de 40 à 60 et même 70 centimètres, sous prétexte, dit-on, de les mettre à l'abri de la sécheresse. L'intention est excellente, mais le moyen n'est pas bon. La vigne doit être plantée à une profondeur de 25 à 40 centimètres suivant la nature du sol, en observant que les terrains légers sont plus accessibles à la sécheresse que les autres ; on doit donc planter à 25 centimètres dans les terres fortes, et à 40 centimètres au plus dans les terres légères.

Avant de mettre les boutures en terre, on doit supprimer le crochet de vieux bois qui est au bas de toute les crossettes, et mettre à nu la première cloison de bois lisse qui vient après, et qui doit préserver la moelle du contact de l'humidité. Il se formera alors, sur cette coupe, un bourrelet d'où naîtront les bonnes racines ; toutes celles qui se produiront au-dessus devront être invariablement supprimées comme inutiles et même nuisibles. Les racines qui naîtront du bourrelet descendront verticalement d'abord pour rechercher l'humidité nécessaire, et se ramifieront ensuite pour puiser dans le sol les éléments nécessaires à leur accroissement.

Constatons, en passant, la différence de longévité de la vigne dans le centre de la France et de la Provence.

En Bourgogne, dit-on, quand la vigne arrive à l'âge de 12 à 15 ans, on a coutume de l'arracher parce qu'elle est usée, et qu'elle ne donne plus un produit rémunérateur. En Provence, au contraire, quand une vigne est bien cultivée, elle atteint un âge quelquefois plus que vénérable.

Il existe, non loin de Marseille, un vignoble qui a plus de deux cents ans et qui 'donne encore un produit très-rémunérateur. Il en existe d'autres qui ont plus d'un siècle, et pour qu'un propriétaire se décide à arracher une vigne avant cet âge, il faut que les soins lui aient manqué, et que la négligence ait laissé envahir le sol par le chiendent. C'est là un mal sans remède.

Depuis quelque temps on parle du rajeunissement de la vieille vigne. Ce procédé, qui ne doit pas être nouveau, consiste à couper le tronc de la vigne à 12 ou 15 centimetres au-dessous du sol. Si les racines sont dans un état parfaitement sain, le pied émet de nouveaux jets qui portent fruit dès la deuxième année, et un vieux vignoble peut se trouver ainsi bien vite rajeuni. Si ce procédé a été trouvé mauvais par quelques-uns, il est probable qu'ils avaient opéré sur de la vigne dont les racines étaient malades. C'est un essai à refaire, mais il faut y apporter toute l'attention et tout le discernement dont cette opération est susceptible.

Avant d'en finir avec la vigne, nous croyons devoir appeler l'attention des viticulteurs sur la taille de cet arbuste. On a l'habitude, que l'on taille à un, deux ou trois yeux, de couper le sarment au milieu de l'espace qui sépare deux yeux et qu'on appelle *Mérithale.* En opérant ainsi on laisse à découvert la moelle de la broche. Vienne une gelée, l'œil immédiatement au dessous de la coupe peut en être sensiblement affecté. Au contraire, si l'on taille au milieu de l'œil qui est au-dessus de celui qu'on veut conserver, on trouve là une sorte de cloison dont l'épaisseur varie suivant les espèces, mais qui garantit toujours l'œil inférieur des effets de la gelée.

Dans l'intérêt de la récolte suivante, il y aurait aussi avantage à faire la taille de la vigne en deux fois :

1° A la chute des feuilles, ou même de suite après les vendanges, pour supprimer entièrement tous les sarments qui ne sont pas utiles à la taille ;

2° En janvier pour la taille proprement dite.

Par ce procédé on supprime de bonne heure tous les sarments inutiles, et c'est au profit de ceux qui sont conservés pour la recolte de l'année suivante.

Ces deux changements dans la pratique sont des innovations qui tranchent avec la routine; il ne s'agit que d'en prendre l'habitude.

Mais revenons à notre sujet.

En séparant la vigne des autres cultures, on aura ses coudées franches, et chaque végétal étant cultivé séparément, on pourra donner à chacun l'engrais qui lui est propre.

L'engrais chimique préparé pour la vigne étant le même que celui pour les oliviers, on pourra continuer de planter ceux-ci en cordons, en leur donnant, chaque année, une dose de 200 à 500 grammes (6 à 15 centimes) par pied, soit 300 à 400 grammes (9 à 12 centimes) par pied de moyenne grosseur.

Au moyen de l'engrais chimique on pourrait cultiver constamment la même plante sur le même sol, ainsi qu'on le fait en Auvergne et en Alsace pour la pomme de terre, qui est une plante qu'on bine et sarcle à volonté; mais, pour les céréales, par exemple, la difficulté du sarclage favoriserait trop la multiplication des mauvaises herbes. Il ne faudrait donc pas cultiver en céréales plus de deux années de suite, sous peine de voir le sol envahi par les mauvaises herbes.

En présence de la routine invétérée de semer le blé à la volée, c'est peut-être ici le lieu de faire observer que cette méthode est vicieuse tant sous le rapport de l'ensemencement que sous celui de la récolte. A la volée, tous les grains ne sont pas également recouverts, et les oiseaux s'en nourrissent ; de là la nécessité de mettre en terre une plus grande quantité de grains.

Supposons deux hectares semés en blé, l'un à la volée, l'autre à la raie.

En semant une charge à la volée, on en récoltera 10; mais en déduisant la charge de semence, le produit net est réduit à 9 charges.

En semant à la raie, on économise 1/4 sur la semence, et on récolte 1/4 de plus qu'à la volée ; or là où on récolte

10 à la volée, on récoltera 12 1/2 à la raie; et au lieu de semer 1 on ne sémera que 3/4. En conséquence, on aura

récolté à la raie...........................	12 ch. 1/2
moyennant 3/4 de charge de semence.......	3/4
reste net,	11 ch. 3/4
Tandis qu'en semant à la volée on ne récolte que.............................. 10 } dont il faut déduire pour la semence..... 1 }	9
différence	2 ch. 3/4

soit, à raison de fr. 40 la charge, fr. 110 de différence entre deux hectares ayant la même culture, mais exploitée de deux manières différentes.

A cet avantage, il faut en ajouter un autre résultant du sarclage qui sera fait plus aisément, mieux et plus vite sur l'hectare semé à la raie que sur celui semé à la volée.

Lorsqu'on fait du trèfle ou de la luzerne, il est d'usage de laisser ces légumineuses deux et même trois ans sur la même terre; mais, lorsqu'on détruit ce fourrage pour faire place à une culture de blé, si l'on a soin d'enfouir la dernière coupe en vert, on pourra, l'année suivante, obtenir sur cette terre un blé magnifique en employant l'engrais incomplet numéro 2, dans lequel on a volontairement supprimé le nitrate de soude comme source d'azote, parce que l'enfouissement du fourrage en vert contenant une forte dose d'azote, le blé, y trouvera le complément dont il a besoin.

Est-il possible de faire une suppression, disons mieux, une économie pareille en n'employant que du fumier de ferme? Non, parce qu'on ne peut diminuer l'azote sans diminuer en même temps et forcément les trois autres éléments qui en sont inséparables.

Les engrais chimiques demandent à ne pas être enfouis profondément; on doit les mettre le plus près possible de la surface du sol. Cependant, de quelques expériences faites, il semble résulter qu'en les mettant dans des raies peu profondes, soit avec le blé, soit avec des légumes, le rendement ne s'en trouve pas amoindri.

La manière de répandre ces engrais semble devoir être difficile, eu égard à la petite quantité qu'il en faut, mais il suffira de savoir la quantité voulue pour un mètre carré, et de recouvrir une fois cette surface, pour pouvoir ensuite répandre sur le champ et avec la même uniformité, la quantité déterminée.

En donnant, à la fin de cet opuscule, les diverses formules d'engrais chimiques, nous indiquerons la quantité voulue pour un hectare et pour un mètre carré.

Avec le concours des engrais chimiques, il devient inutile de laisser reposer la terre, comme on le dit avec trop de confiance : ce serait courir à sa ruine que de renoncer bénévolement à une récolte qui, dorénavant, coûtera relarelativement peu. Chaque parcelle de terre, grande ou petite, doit rapporter quelque chose chaque année. Il ne doit plus exister de terre sans rapport. Le point important est de bien varier les cultures par des assolements raisonnés et appropriés au sol, et de restituer à celui-ci, par les engrais, un peu plus que les récoltes ne lui auront enlevé.

On trouvera, à la fin, quelques formules d'assolements avec leurs engrais, et tous empruntés aux ouvrages de M. Georges Ville.

La seule cause un peu sérieuse qui puisse retarder l'emploi des engrais chimiques de **M. G.** Ville, c'est le prix, non pas qu'il soit plus élevé que celui du fumier de ferme, mais parce qu'on considère que ce dernier ne coûte rien: en effet, les paysans des environs de Marseille, notamment, viennent en ville, pour vendre leurs denrées, et prennent, en retournant, une charge de fumier dont le prix, quelque peu variable, n'arrive jamais, comme débours, à fr. 10 les 1000 kil.; mais tous les agriculteurs ne peuvent pas jouir des avantages de la proximité d'une grande ville, et si ce prix de fr. 10 semble exagéré pour les uns, il est à peine l'expression de la vérité pour le plus grand nombre qui se trouve éloigné des grands centres de population. Or, en établissant à fr. 10 le prix des 1000 kil. de fumier de ferme, nous croyons être dans le vrai, et, à ce prix, l'emploi des engrais chimiques est plus avantageux que celui du fumier de ferme, ainsi que nous allons le démontrer.

Commençons par le fumier de ferme à raison de 20,000 kil. par hectare cultivé en blé la première année, et en pomme de terre la deuxième année, avec addition de 3000 kil. de tourteaux. Quel est le rendement moyen de ces deux cultures sur les bonnes terres? En fixant celui du blé à 12 charges de 160 litres par hectare, et celui des pommes de terre à 20,000 kil., nous ne croyons pas nous écarter de la vérité.

Or, 12 charges de blé à...............	F.	40	480
Et 20,000 kil. de tubercules à.........	»	10	2.000
Récoltes de deux ans..........	F.		2.480

A déduire :

20,000 kil. de fumier à...........	F. 10=200	500
3,000 kil. tourteau à............	» 10=300	
Reste...............		F. 1.980

Pour bénifice brut de deux ans, soit fr. 990 par an.

En substituant l'engrais chimique au fumier de ferme, il est plus avantageux de semer la pomme de terre la première année, et le blé la deuxième. En prenant pour base un rendement ordinaire en tubercules, celui de M. Jean de Roqueraire, et le produit en blé obtenu par M. G. Ville dans le sable calciné dans sa quatrième expérience (page 14) soit 22 grammes pour un de semence, nous trouvons :

30,000 kil. tubercules à...............	F. 10	3.000
22 charges blé (1) à....................	» 40	880
Récoltes de deux ans.........		F. 3.880

A déduire :

1200 kil. engrais complet numéro 3 (quantité employée par M. Jean) à.....	F. 26 0/0 kil. 312	477
300 k. sulfate d'ammoniaque à.........	» 55 » 165	
Reste.............		F. 3.403

pour bénifice brut de deux ans, soit fr. 1,701 50 pour un an.

(1) La charge a 160 litres ou soit 1 hectolitre et 6/10.

Remarquons en passant que la fumure par le fumier de ferme et le tourteau coûte............... F. 500
alors que celle par l'engrais chimique ne coûte que...................................... » 477

ce qui constitue une économie de........... F. 23

à l'avantage de l'engrais chimique.

Le résultat de ces deux comparaisons établit donc que l'emploi des engrais chimiques donne un rendement annuel moyen de.......................... F. 1.701 50
alors que ce même rendement obtenu par le fumier de ferme n'arrive qu'à............. » 990 »

Différence de............. F. 711 50
plus l'économie ci-dessus sur la fumure.... » 23 »

Soit.................... F. 734 50

en faveur des engrais chimiques par hectare et par an.

Ce simple exposé doit suffire pour engager les personnes qui comprennent que tout n'est pas pour le mieux dans la meilleure des fermes, à faire des essais intelligents et consciencieux.

M. G. Ville n'est ni fabricant ni même marchand d'engrais ; il n'a aucun intérêt matériel à ce qu'on se serve du fumier de ferme ou des engrais chimiques préparés d'après ses formules. M. G. Ville est un vrai philosophe à la recherche de la vérité. Il croit l'avoir trouvée et s'empresse de venir vous en faire l'offre gratuite, accompagnée de preuves à l'appui. Bien sots seraient ceux qui refuseraient de vérifier ces preuves.

Mais, dira-t-on, que fera-t-on du fumier de ferme s'il est remplacé par l'engrais chimique ?

D'abord, il est des endroits où le fumier de ferme fait à peu près complètement défaut, et c'est pour leur propriétaire un immense trésor que la découverte de M. G. Ville. Ils pourront, moyennant une dépense de fr. 250 à 300 par hectare, augmentée du prix de transport, faire arriver 1000 k. d'engrais chimiques équivalant, comme principes actifs, au moins à 25,000 k. de fumier de ferme, et comme effet dans la pratique, à 40,000 k. de ce même fumier. La raison de cela, c'est que les principes actifs de l'engrais chimique sont immédiatement assimilables, tandis que ceux du fumier de ferme ne le sont qu'après avoir subi une transformation dans le sol pendant laquelle il y a perte d'azote.

Quant aux propriétaires assez heureux pour avoir du fumier de ferme, même en abondance, ils n'auront qu'à en faire un usage moins restreint, en donnant à leurs terres une fumure chaque année, au lieu de ne la donner que tous les deux ans, et ajouter une demi-dose d'engrais chimiques pour compléter une fumure entière.

Puisqu'il vient d'être question de pommes de terre, il ne faut pas quitter ce sujet sans dire quelques mots de la manière de le semer. Les uns mettent en terre des tubercules moyens, d'autres petits, et d'autres encore les mettent gros, et il y en a qui coupent les tubercules en morceaux. Il n'est pas nécessaire que le tubercule soit entier pour donner un bon rendement, puisqu'on peut en obtenir un en ne semant que des morceaux d'écorce munis d'un bon œil ; mais ce que l'expérience a démontré, c'est que un morceau de la grosseur d'une noix muni d'un œil bien conformé suffit pour former une plante capable de donner un kil. de tubercules.

Reste à examiner là distance à laquelle on doit mettre ces tubercules : il est à peu près certain que les racines ne dépassent pas un périmètre de 30 centimètres ; mais l'air et la lumière étant aussi nécessaires aux racines qu'aux fanes, cet espace ne serait suffisant que dans le cas d'une ligne isolée en guise de bordure. En cultivant à plein, il convient d'espacer autrement et les plantes et les lignes. Voici différentes distances parmi lesquelles chacun pourra faire le choix qui lui plaira :

Distance entre les plantes d'une même ligne	Distance entre deux lignes	Nombre de pieds à l'hectare
0m30	0m50	66,666
33.3	50	60.000
40	40	62,500
40	50	50,000
40	60	41,666

La pomme de terre a besoin, pour prospérer, de terrains riches, frais et bien ameublis Dans ces conditions, le produit moyen par pied peut être évalué, sans exagération, de 5 à 600 grammes ; et si les pluies venaient à propos, il pourrait arriver à 1 kil. par pied. A l'arrosage, on doit pouvoir, le plus souvent, obtenir ce rendement et même le dépasser, surtout en faisant de la culture intensive. On sait que cette culture a pour objet de donner des rendements supérieurs à l'aide d'une fumure plus abondante.

Ainsi, en prenant pour exemple la plantation à 0m33 sur 0m50, on trouve à l'hectare 60,000 pieds. Sur une bonne terre ordinaire, mais sans arrosage, n'est-il pas permis de compter sur un rendement de 1/2 kil. par pied, ce qui donnerait........................ 30,000 K.

Mais, pour être large, faisons la part de l'imprévu et défalquons 10 % de ce modeste rendement................................ 3,000

Reste......... 27,000 K.

Dans un terrain à l'arrosage ne peut-on pas espérer que ce rendement sera augmenté d'au moins 50 %, surtout à l'aide de la fumure intensive? On arriverait alors à obtenir 40,500 kil. à 10 fr. % kil........ fr. 4,050

dont il faudrait déduire le prix de la fumure intensive, soit 1,500 kil. engrais complet n° 4, à fr. 30............................ 450

Le bénéfice brut serait, dans ce cas, de..... fr. 3,600

ce qui semble exagéré, et cependant on a obtenu, à notre connaissance, des résultats encore supérieurs.

Mais la culture intensive ne peut se faire, surtout en Provence, qu'à la condition de pouvoir mettre la terre à l'arrosage.

Il arrive souvent que les pluies d'hiver sont très-abondantes et que les terres, détrempées par l'action des eaux, entraînent, dans les couches inférieures du sol, les sels qui devaient alimenter les racines du blé. Par ce fait, les principes actifs du fumier se concentrent à une profondeur que ne peuvent atteindre les racines encore trop jeunes du blé ; on voit alors la feuille de la plante jaunir parce qu'elle est dans un état de souffrance dont le manque d'engrais est la seule cause. En pareil cas, on relève très-bien une récolte passablement compromise, par une addition de 300 kil. d'engrais en couverture; on choisit alors, en février ou première quinzaine de mars au plus tard, un temps couvert et brumeux, mais sans vent, et on répand cet engrais à la volée sur le champ de blé qui ne tarde pas à mettre à profit les éléments de végétation que ce supplément d'engrais lui apporte. Ces 300 kil. d'engrais en couverture, quantité suffisante pour un hectare; coûtent environ fr. 60; mais par cette seule dépense, on s'assure presque une récolte de 20 à 25 charges de blé, et vraiment ce n'est pas cher.

Pour rendre notre travail aussi utile que possible, nous allons essayer de donner quelques renseignements pour les petits lots de terre, comme jardin, par exemple, où l'on a l'habitude de cultiver un peu de tout.

Les quantités d'engrais déterminés par M. Georges Ville, sont fixées pour une récolte qui occupe seule le sol dans le courant de l'année : comme le blé, la betterave, la pomme de terre, etc.; mais il doit y avoir une exception pour le jardinage, parce que les maraîchers n'ont pas l'habitude de laisser reposer leurs terres, et que les végétaux qu'ils y cultivent n'occupent le sol qu'un laps de temps généralement court. Il convient donc d'admettre que les cultures, se succédant sans interruption, peuvent se renouveler, dans le courant de l'année, de quatre à cinq fois, mais quatre au moins. Donc, au lieu de répandre en une seule fois 25 kil. d'engrais par are (100 mèt. carrés), il paraît préférable d'en répandre seulement le 1/4 (6 kil. 250) au début de chacune des quatre cultures qu'on y fera, sauf à en faire une cinquième à la dérobée, c'est-à-dire sans supplément d'engrais.

FUMURES

POUR LES VÉGÉTAUX SUIVANTS :

Arbres fruitiers... Engrais complet n° 1.
50 grammes par an et par pied d'un à trois ans. Au-dessus de cet âge, 100 à 300 grammes suivant la force du sujet.

Betteraves........ Engrais complet n° 2.
15 à 20 grammes par pied, ou 130 gr. par mètre carré.

Carottes......... Engrais complet n° 2.
65 grammes par mètre carré pour les courtes; 100 grammes par mètre carré pour les longues.

Céleris.......... Engrais complet n° 2.
15 grammes par pied.

Choux.......... Engrais complet n° 2.
15 à 20 grammes par pied.

Épinards......... Engrais complet n° 2.
65 grammes par mètre carré.

Fleurs.......... Engrais complet n° 2.

» *herbacées*... 65 grammes par mètre carré.

» *ligneuses*... 130 grammes par mètre carré.

Maïs et Navets....	Engrais complet n° 5. 120 grammes par mètre carré.
Oignons..........	Engrais complet n° 2. 100 grammes par mètre carré.
Panais...........	Engrais complet n° 2. 100 grammes par mètre carré.
Radis............	Engrais complet n° 2. 50 grammes par mètre carré.
Salades et menus herbages.	Engrais complet n° 2. 50 à 100 grammes par mètre carré suivant les variétés et leur durée sur le sol.
Sorgho et Topinambours..	Engrais complet n° 5. 120 grammes par mètre carré.

FORMULES D'ASSOLEMENTS

Par l'emploi de l'Engrais Chimique seul.

1re ANNÉE : *Blé*, 1200 kil. complet n° 1.
Pour certaines terres, cette quantité est trop forte, le blé verse ; on pourrait la réduire à 800 kil.

2e ANNÉE : *Blé*, 300 kil. sulfate d'ammoniaque.
Pour le même motif, on peut réduire à 200 kil.

3e ANNÉE : *Pomme de terre*, 1000 kil. complet n° 3.

4e ANNÉE : *Blé*, 300 kil. sulfate d'amomniaque qu'on peut réduire à 200 kil.

5e ANNÉE : *Trèfle ou légumes*, 1000 kil. incomplet n° 2.

6e ANNÉE : *Avoine. Seigle*, *Orge*, 200 kil. sulfate d'ammoniaque.

Si, lors du premier labour, on veut enfouir 10,000 kil. par hectare de bon fumier de ferme, chaque année on pourra réduire de moitié les quantités d'engrais chimiques ci-dessus déterminées et ce sera alors une fumure mixte, c'est-à-dire moitié fumier de ferme et moitié engrais chimique. Cette méthode sera beaucoup plus avantageuse pour ceux qui auront sous la main du fumier de ferme à bas prix. Dans le cas contraire, l'emploi exclusif des engrais chimiques sera plus avantageux.

FORMULES D'ASSOLEMENTS

Au moyen de la Fumure Mixte.

1re ANNÉE : *Pomme de terre,*	500 kil.	incomplet n° 2.
2e ANNÉE : *Blé,*	200	»	sulfate d'ammoniaque
3e ANNÉE : *Légumineuse,*	1000	»	incomplet n° 2.
4e ANNÉE : *Blé,*	200	»	sulfate d'ammoniaque
5e ANNÉE : *Avoine,*	300	»	sulfate d'ammoniaque

L'avoine se cultivant ordinairement sans nouvelle fumure, il n'y aurait peut-être pas d'inconvénient à supprimer les 300 kil. de sulfate d'ammoniaque. — Néanmoins, il sera bon d'agir avec prudence, surtout si l'avoine venait après un blé qui n'eût reçu que du sulfate d'ammoniaque, comme c'est le cas ci-dessus. Quoi qu'il en soit, après l'avoine on devra donner à la terre une fumure complète, soit en engrais chimique seul, soit en fumure mixte.

La Provence occupe un espace trop petit, relativement à la superficie de la France entière, pour que M. Georges Ville ait pu y consacrer un chapitre spécial. Les quantités de chaque formule d'engrais ont été déterminées par M. Georges Ville pour les terres des départements du Nord, où il a fait ses expériences pratiques. Mais ces terres recevant, dans le courant de l'année, plus de pluie et moins de soleil que les terres de la Provence, il y a lieu de tenir compte de ces différences, et d'en chercher la compensation dans une diminution raisonnable de la quantité d'engrais à employer. C'est aux agriculteurs intelligents à déterminer eux-mêmes dans quelle proportion cette diminution doit être faite, selon qu'ils auront affaire à un sol plus ou moins riche, plus ou moins frais ou humide, et en s'écartant le moins possible des prescriptions de M. Georges Ville.

COMPOSITIONS ET FORMULES

DES

ENGRAIS CHIMIQUES DE M. G. VILLE

PRÉPARÉS

PAR MM. CAMOIN FRÈRES ET PEYTRAL

Rue Pavé-d'Amour, 17, à Marseille.

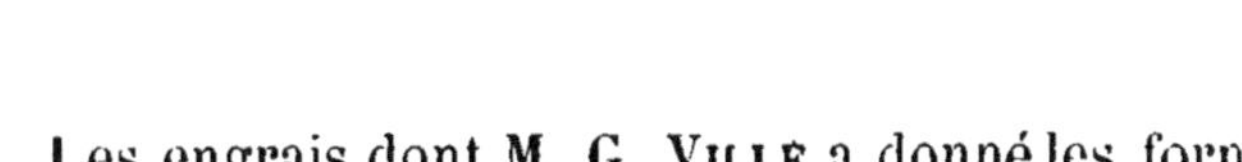

Les engrais dont M. G. VILLE a donné les formules sont constitués par des mélanges en proportions convenables des produits chimiques qui renferment les quatre agents indispensables à l'agriculture : *azote*, *potasse*, *acide phosphorique et chaux*. — Les sels qui peuvent fournir *l'azote* sont le sulfate d'ammoniaque, le nitrate de soude et le nitrate de potasse. Le premier en contient 21 p. 0/0, le deuxième 16 p. 0/0, le troisième 13 p. 0/0. Mais ce dernier sel est surtout utilisé comme source de *potasse*, qui entre dans sa composition pour 46 p.0/0. Le phosphate acide de chaux contient 30 à 40 p. 0/0 de phosphate réel, équivalant à 15 à 20 p. 0/0 d'acide phosphorique. Enfin le sulfate de chaux, ou plâtre, donne la chaux.

La préparation des *engrais chimiques* consiste tout simplement à pulvériser et à mélanger ces différents sèls. Mais quelque simple quelle soit, cette opération n'est pas à la portée de tous les agriculteurs, qui rarement possèdent les moyens mécaniques nécessaires à un pareil travail. En offrant ces mélanges tout prêts pour l'épandage, nous ne voulons prélever d'autre bénéfice que le prix de la main-d'œuvre, et nous garantissons la parfaite conformité des produits livrés avec les formules publiées par M. G. Ville, Mais nous ne saurions trop engager les agriculteurs à se tenir en garde contre des engrais chimiques d'un prix séduisant, d'une composition souvent mal combinée et dont le bon marché n'est qu'apparent.

ENGRAIS COMPLET N° I

Phosphate acide de chaux..........	400 kil.
Sulfate d'ammoniaque.............	250 »
Nitrate de potasse...............	200 »
Sulfate de chaux.................	350 »

Pour *Blé, Colza*...........	à l'hect.	1200 kil.	au mètre carré	0 k. 120
Pour *Orge, Avoine, Seigle*...	»	600 »	»	060
Pour *Prairies naturelles*....	»	500 »	»	050

Cet engrais rend fertiles les terres pauvres ou épuisées par la culture. Il permet de récolter du blé quatre années de suite, à la condition de répandre en couverture, au printemps, à partir de la deuxième année, 300 kil. de sulfate d'ammoniaque par hectare.

Mode d'emploi. — « Il faut répandre les engrais chimi-
« ques avec le plus d'uniformité possible, immédiatement
« après le dernier labour, comme s'il s'agissait d'un semis

« à la volée. Après l'épandage, on herse avec soin pour « les mêler à la couche superficielle du sol. Un temps « brumeux et calme est le plus convenable. Il faut ajour- « ner l'épandage lorsqu'il fait du vent, parce qu'une « grande partie de l'engrais serait entraînée et perdue. « Quand on opère à la main, pour rendre l'épandage plus « uniforme, il est avantageux de mêler l'engrais avec son « volume de terre sèche et fine. On le divise, au préalable, « en petits tas qu'on dépose sur les lots de terre auxquels « ils sont destinés. Dans la grande culture, il est préfé- « rable de se servir des excellentes machines que l'on « possède maintenant pour répandre des engrais pulvé- « rulents. Un épandage bien fait suffit pour élever le « rendement de 2 ou 3 hectolitres par hectare ».

« Lorsque l'hiver a été rigoureux et qu'il s'est prolongé « au-delà de sa limite ordinaire, les blés, et généralement « toutes les graminées, sont souvent fort compromis. « Avec 400 kil. du mélange suivant, qu'on répand en cou- « verture au commencement de mars, on peut changer en « quelques jours l'état d'une culture et assurer la récolte. « L'effet des fumures en couverture a quelque chose de « magique ».—(G. Ville.—*L'Ecole des Engrais chimiques*).

Fumure en Couverture pour Graminées.

Sulfate d'ammoniaque	100 kil.
Phosphate acide de chaux	100 »
Plâtre	200 »
Par hectare	400 kil. Par mètre carré 0 k. 040

ENGRAIS COMPLET N° 2

Phosphate acide de chaux...........	400 kil.
Nitrate de potasse.................	200 »
Nitrate de soude...................	300 »
Sulfate de chaux...................	400 »

Pour *Betteraves, Carottes et autres racines*..................	à l'hect.	1300 kil.	Au mètre carré	0 k. 130
Pour *Jardinages*..........	à l'are.	25 »	»	250

Mode d'emploi. — Répandre la moitié de la dose après le premier labour et l'autre moitié après le deuxième.

ENGRAIS COMPLET N° 3

Phosphate acide de chaux...........	400 kil.
Nitrate de potasse.................	300 »
Sulfate de chaux...................	400 »

Pour les *Pommes de terre*....	à l'hect.	1100 kil.	Au mètre carré	0 k. 110

Mode d'emploi. — On pratique des sillons distants de 60 centimètres, au fond desquels on répand l'engrais mêlé avec un peu de terre sèche, et l'on recouvre le sillon.

ENGRAIS COMPLET N° 4

Phosphate acide de chaux...........	600 kil.
Nitrate de potasse.................	500 »
A reporter.......	1100 kil.

Report	1100 kil.		
Sulfate de chaux..................	400 »		
Pour *la Vigne* (pour 2 années). à l'hect.	1500 kil.	Au mètre carré 0 k. 150	
Par pied de vigne .... »	150 gr.	»	»
Pour *l'Olivier*.............. par pied	400 »	»	»

Mode d'emploi. — « Pour la vigne, on répand la moitié « de l'engrais sur le sol en traînées de 30 centimètres de « large, à 20 centimètres des rangées de ceps, et on l'en- « terre à la bêche par un labour profond; le reste de « l'engrais est répandu à la surface de la partie labourée. « — On peut encore pratiquer à la charrue, toujours à « 20 cent. des ceps, deux tranchées parallèles de 30 cen- « timètres de profondeur, répandre la moitié de l'engrais « au fond de la tranchée, la recouvrir de terre et répan- « dre le reste de l'engrais à la surface. On doit fumer la « vigne en automne. — (G. Ville. — *L'Ecole des Engrais « chimiques*).

Pour l'olivier, on répand l'engrais autour de l'arbre, à une distance convenable du pied, et on l'enfouit à la bêche.

ENGRAIS COMPLET N° 5

Phosphate acide de chaux...........	600 kil.
Nitrate de potasse...	200 »
Sulfate de chaux	400 »

Pour *Maïs, Sorgho, Canne à sucre, Topinambours* et *Navets*. . à l'hect. 1200 » Au mètre carré 0 k. 120

Mode d'emploi. — Lorsque cet engrais sert à la culture

du maïs, son mode d'emploi est le même que celui du complet n° 1.

Lorsqu'il sert pour les topinambours ou les navets, il faut se conformer aux prescriptions du complet n° 2.

ENGRAIS COMPLET N° 6

Phosphate acide de chaux...........		400 kil.	
Nitrate de potasse.................		120 »	
Sulfate d'ammoniaque...............		400 »	
Sulfate de chaux...................		380 »	
Pour le *Colza*...............	à l'hect.	1300 »	Au mètre carré 0 k. 130

MODE D'EMPLOI. — Cet engrais s'emploie de la même maniere que le complet n° 1.

ENGRAIS INCOMPLET N° 1

Phosphate acide de chaux...........		400 kil.		
Sulfate d'ammoniaque...............		250 »		
Sulfate de chaux...................		350 »		
Pour le *Froment*..................	à l'hect.	1000 »	Au mètre carré	0 k. 100
Pour le *Seigle, l'Orge, l'Avoine.*	»	500 »	»	050
Pour *Prairies naturelles*.....	»	400 »	»	040

Cet engrais diffère du complet n° 1 par l'absence de la potasse, que les céréales demandent peu ; il est donc inutile de leur en donner lorsque le sol n'en est pas dépourvu.

MODE D'EMPLOI. — Pour la culture des graminées, cet

engrais s'emploie comme le complet n° 2. Pour la prairie naturelle, il est préférable de fractionner la dose et de faire un épandage après chaque coupe.

ENGRAIS INCOMPLET N° 2

Phosphate acide de chaux...........	400 kil.
Nitrate de potasse....	200 »
Sulfate de chaux........... ...	400 »

Pour *Légumineuses, Prairies artificielles, Trèfles, Sainfoin, Luzerne*.................. à l'hect 1000 kil. Au mètre carré 0 k. 100

Mode d'emploi. — Cet engrais est destiné à tous les végétaux qui ne demandent au sol que peu d'azote et chez lesquels la potasse agit comme *dominante*. Aussi convient-il aux prairies artificielles, à la fumure desquelles on doit l'employer de la même manière que le précédent, c'est-à-dire en fractionnant les doses.

Il est bon de noter qu'après un certain nombre d'années les prairies artificielles tendent à se rapprocher du régime des prairies naturelles par la nature des plantes qui les composent : les légumineuses qui les constituent d'abord en majeure partie, sont peu à peu remplacées par les graminées. Il faut donc avoir recours, pour les prairies artificielles anciennes, à l'engrais incomplet n° 2.

Pour la luzerne, dont les racines sont très-profondes, on doit fumer complétement en automne pour que les pluies de l'hiver puissent dissoudre l'engrais et l'entraîner dans les couches inférieures du sol.

Les doses et les formules précédentes n'ont rien d'absolu ; elles peuvent être modifiées par la pratique de chaque agriculteur. On comprend en effet qu'il sera inutile d'apporter de la chaux à un terrain qui en contient suffisamment, de l'acide phosphorique à celui qui en est convenablement pourvu ; il faut donc connaître la nature du sol sur lequel on opére. On y arrive aisément d'après les indications de M. G. Ville, au moyen d'un petit *champ d'expériences.* Guidé d'une façon certaine, l'agriculteur pourra réaliser alors une économie bien entendue qui ne compromettra jamais le succès de ses récoltes.

Pour caractériser en quelques lignes l'*Engrais chimique*, on peut dire qu'il présente sur tous les engrais connus les avantages suivants :

1° Son volume est environ cinquante fois moindre que celui du fumier de ferme ; il est donc bien plus facile à manier et à transporter à peu de frais ;

2° Il est livré en poudre fine et son épandage peut être fait d'une façon parfaitement régulière ;

3° Ses éléments constitutifs étant complètement et immédiatement assimilables, ses effets sont beaucoup plus rapides et plus intenses que ceux du fumier de ferme ;

4° Sa composition étant variable à volonté, on peut lui donner celle qui convient le mieux à la plante que l'on veut cultiver.

5° Il n'appauvrit jamais le sol, car il lui donne toujours plus que les récoltes ne lui enlèvent.

TABLE

Marseille. — Typ. Marius Olive, rue Paradis, 68.

www.ingramcontent.com/pod-product-compliance
Ingram Content Group UK Ltd.
Pitfield, Milton Keynes, MK11 3LW, UK
UKHW020447180726
13839UKWH00004B/1688

9 782329 405551